AF453687

DE L'INTRODUCTION

PROCÉDÉS RELATIFS A LA FABRICATION

ÉTOFFES DE SOIE

DANS LA PÉNINSULE HISPANIQUE

SOUS LA DOMINATION DES ARABES;

RECHERCHES

PRÉCÉDÉES D'UN EXAMEN SUR LA QUESTION DE SAVOIR
SI CES PROCÉDÉS Y ÉTAIENT OU NON CONNUS
AVANT LE IXe SICLE DE NOTRE ERE,

PAR

M. LE VICOMTE DE SANTAREM.

PARIS.

MAULDE ET RENOU, IMPRIMEURS,
RUE BAILLEUL, PRES DU LOUVRE, 9 11.

1838

La production et le commerce de la soie chez les anciens, le pays qui produisait l'admirable insecte qui en fournit la matière première, les peuples qui fabriquaient ces riches étoffes, dont les plus anciens livres nous parlent avec enthousiasme, enfin les routes commerciales par où ces étoffes précieuses étaient transportées dans l'Occident, sont autant de points du plus haut intérêt pour l'histoire de la géographie, de l'économie industrielle et commmerciale des peuples de l'antiquité. Cependant aucune partie de l'histoire des anciens n'est plus obscure, ni plus difficile. Elle a déjà exercé le savoir et la critique d'un grand nombre d'hommes les plus éminens dans la science, et malgré leurs efforts, ces problèmes sont encore loin d'être résolus d'une manière positive et satisfaisante. Mon but n'étant point d'écrire l'histoire de la soie chez les anciens, je n'ai fait qu'effleurer ces différens points, autant que cela m'était nécessaire pour établir une date approximative de l'introduction des vers à soie et de la fabrication des étoffes de soie dans la péninsule hispanique.

Cependant le lecteur y trouvera le plus grand nombre de notions qui aient été réunies jusqu'à présent sur cet intéressant sujet.

Au reste, on ne trouvera pas extraordinaire qu'au moment où l'on s'occupe d'une manière si directe et si générale, non seulement en France, mais encore dans plusieurs autres pays, de tout ce qui a trait à une importante branche d'économie rurale, savoir, la culture du mûrier et l'éducation des vers à soie ; au moment où le gouvernement français vient de faire traduire par M. Stanislas Julien, de l'Académie royale des Inscriptions, les principaux traités chinois relatifs à cet objet, traités qui ont été immédiatement traduits en italien (1) à Turin, en russe à Saint-Pétersbourg, en allemand à Stuttgard, aux frais du roi de Wurtemberg, et en arabe au Caire, quand l'Académie royale des sciences s'en est occupée (2); au moment où M. Robinet va ouvrir un cours public sur cet objet et où une société séricicole s'établit à Paris; qu'au moment où l'on s'occupe de ces procédés d'une manière si large, et lorsque l'ouvrage de M. Julien nous offre quelques données historiques, d'après les livres chinois, sur l'époque prodigieusement reculée de la culture de cette industrie en Chine, on ne trouvera pas, dis-je, extraordinaire de me voir attacher quelques observations à tant d'intéressans travaux, quelques étrangères qu'elles puissent paraître à mes études habituelles. Je n'aborde d'ailleurs le sujet que dans un but purement historique : je me suis proposé 1° de fixer

(1) Traduction de M. Bonafous, de l'Académie de Turin. Ce savant agronome a ajouté des notes importantes à sa traduction, et M. Biot a rendu compte de la traduction de M. Julien dans le *Journal des Savans.*

(2) Séances du 20 novembre, des 18 et 26 décembre de l'année dernière, et des 2 et 15 janvier 1838.

l'époque véritable de l'introduction de la culture du mûrier et de la fabrication de la soie dans la péninsule ibérique, que la divergence d'opinions de plusieurs auteurs a rendue jusqu'à présent incertaine ; 2° de montrer en même temps par des documens que j'ai publiés le premier, que cette branche d'économie rurale était dans un état de grande prospérité en Portugal avant les rapports directs établis avec la Chine par la nouvelle voie de communication avec cet empire, après le passage du cap de Bonne-Espérance, doublé par Vasco de Gama, en 1497; 3° de confirmer les observations que j'avais verbalement communiquées à M. Stanislas Julien sur cette branche d'économie rurale en Portugal.

Mes recherches ne se sont pas étendues sur tous les points que j'aurais désirés : d'autres travaux littéraires m'ont empêché de leur donner tous les développemens dont elles paraissaient être susceptibles.

Toutefois le lecteur trouvera à la fin de cet écrit des éclaircissemens et des détails dont je n'ai pas cru devoir surcharger le texte et les notes.

§ Ier.

OBSCURITÉ DE L'HISTOIRE DE LA LUSITANIE A L'ÉGARD DES
PROCÉDÉS EN USAGE POUR L'ÉDUCATION DES VERS A SOIE
ET DE LA FABRICATION DES ÉTOFFES DE SOIE AVANT LA
PÉRIODE ROMAINE.

L'obscurité de l'histoire de la Lusitanie de l'époque antérieure à la période romaine, le peu de notions qui nous sont parvenues sur les rapports de ce pays avec les Phéniciens, les Tyriens, les Perses et les Carthaginois, nous forcent à recourir souvent plutôt à des conjectures qu'à des faits. Déjà un écrivain célèbre, dont je suis loin d'admettre toutes les opinions historiques, a dit *que sans l'audace des conjectures il faudrait renoncer à toute recherche sur l'histoire ancienne des peuples* (1).

Cette assertion, vraie jusqu'à un certain point, mais qui ne doit pas servir toujours de règle dans l'étude de l'antiquité, s'applique à cette période où l'on ne peut indiquer que par des conjectures l'état de l'industrie des anciens peuples de la péninsule ibérique; en effet, nous ne

(1) Niebuhr, Hist. rom., t. I, page 217, trad. franc.

savons rien de positif sur l'état de l'économie rurale et de l'industrie des anciens Ibériens. Les rares notions que nous trouvons sur ces peuples nous sont, pour la plupart, fournies par des auteurs qui ont vécu plusieurs siècles après la domination des peuples que nous venons de nommer plus haut, entre autres par Strabon. Ce savant géographe, quoiqu'il eût beaucoup voyagé, ne connaissait point la péninsule ibérique ; et, malgré ce qu'il nous dit dans son livre III de l'industrie et du commerce qui enrichissaient les villes ibériennes situées sur la Méditerranée et ailleurs, il ne donne pas sur l'état de l'économie rurale et de l'industrie manufacturière des Ibériens, des détails qui puissent nous apprendre si la fabrication des étoffes de soie y était, ou non, connue dans les temps antérieurs. Néanmoins, nous savons par ce même auteur, et encore plus par les curieux détails qu'on trouve au commencement du VIIIe livre d'Athénée, qui les a extraits du XXXIVe des histoires de Polybe, que la Lusitanie abondait en grains, en bestiaux, en or, etc.

Si nous rapprochons entre eux les divers détails du fait historique qui nous prouve qu'un corps de 10,000 Lusitaniens s'engagea dans l'armée carthaginoise commandée par Hannon, dans l'expédition de Sicile, et cela en vertu d'un traité fait entre les Carthaginois et les chefs Lusitaniens, ce rapprochement nous indiquera que la population devait être très nombreuse pour fournir un tel contingent, et que la science de l'agriculture ne pouvait pas être entièrement négligée.

En effet, nous connaissons la manière dont les carthaginois avaient coutume de traiter leurs provinces. La Sardaigne peut servir de modèle et de preuve de la sagesse de l'administration de ce peuple. Polybe (1) nous décrit l'état florissant de l'agriculture au temps des Carthaginois.

Les tisseranderies de Carthage étaient très renommées. Un Grec, nommé Polémon, a écrit sur ce sujet un ouvrage spécial, d'après ce que nous dit Athénée (2). Mais quels étaient les étoffes qui étaient fabriquées par les Carthaginois?

Quels étaient ces tissus qu'on fabriquait à Malte, et qui étaient aussi fins que moelleux, dont parle Diodore (3)? Nous savons bien peu, et tout concourt à couvrir cette question de

(1) Polyb., I, 196.
(2) Athén., 541.
(3) Diodor., I, 339.

la plus profonde obscurité dans le tableau du commerce maritime des Carthaginois, qu'on peut dresser d'après les notions données par les auteurs anciens; nous ne rencontrons point de trace qui nous apprenne que les Carthaginois aient introduit en Espagne les étoffes de soie. D'autre part, nous savons encore que l'économie rurale a été regardée comme l'occupation la plus noble parmi ces peuples, à laquelle se livraient même les premiers hommes de l'état; néanmoins, il paraît qu'ils n'ont pas connu toutes les propriétés du mûrier, car s'ils les avait connues, il est probable que Magon en aurait fait mention dans l'ouvrage qu'il composa en langue punique sur l'agriculture, que Cassius-Dionysius d'Utique, traduisit en Grec, et que Diophane de Bythynie réduisit à six livres dont il ne nous reste que des notices dans Varron, où il n'est pas question de la propriété des feuilles du mûrier ni du ver à soie, car ni Varron, ni Columelle, qui ont fait mention de cet ouvrage avec éloge, n'ont point parlé ni des propriétés de l'un ni de l'existence de l'autre; or ce dernier écrivain se rapporte aux différens passages des livres de l'agronome carthaginois, pour la culture de l'olivier (1)

(1) Colum., *de Arbor*.

et pour les abeilles, et ne dit pas un mot sur le mûrier ni sur les vers à soie.

Pline aussi se rapporte à l'agronome carthaginois (1) pour la plantation des amandes, pour les peupliers(2), pour les oliviers ; mais pas un mot sur la propriété des feuilles du mûrier.

Les anciens historiens se taisent sur le parti que les Lusitaniens tiraient de la manu·facture de la soie, branche d'industrie de la plus haute importance. Nous savons toutefois que ces peuples avaient des cuirasses *tissues de lin,* qu'ils portaient des *saies,* qu'ils s'enveloppaient de manteaux noirs, *que les femmes portaient des robes et des habits brodés ;* nous savons encore par Pline, qu'à Salacia (aujourd'hui Alcacer do Sal), dans la Lusitanie, on fabriquait des étoffes très renommées (3). Le même auteur,

(1) Plin. H. N. XVIII, ii.
(2) *Ib.* ,XVI.
(3) Lib. VIII.
Istriæ Liburniæ que pilo proprior, quam lanæ, pexis aliena vestibus, et quam Salacia scutulato textu commendat in Lusitania. Simili circa Piscenas provinciæ Narbonensis, similis et in *Ægypto ex quam vestis detrita usu pingitur rursusque ævo durat.* Plin., H. N., lib. VIII. Desmarest propose pour ce passage une traductiondifférente de celle qui a été donnée par Poinsinet ; la voici :

assure (1) que ce fut dans l'Espagne tarragon-
naise qu'on inventa les voiles de fin lin nommés *cerbases*, sorte de toile précieuse que nous
nommons aujourd'hui *batiste*. Nous savons encore que chez les *Celtiberi*, il y avait tous les ans
une assemblée de vieillards dans laquelle les femmes apportaient leur travail de l'année , et que
celle qui était reconnue la meilleure ouvrière
recevait une récompense. Ces notions insuffi-
santes qui nous sont fournies par Strabon, Diodore de Sicile, Nicolas de Damas (2) et d'autres,

« En Istrie et en Liburnie, les toisons ressemblent plus au
poil qu'à la laine, tellement qu'on ne peut les employer à la
fabrication des draps peignés , *mais celles que la ville de Sa-
lucia en Lusitanie a rendu célèbres* par l'emploi qu'elle en
fait dans les *étoffes scutulées*, sont semblables aux laines des
environs de Pézénas, dans la province Narbonnaise, et à celles
qu'on tire d'Egypte, avec lesquelles on fabrique aussi les draps
qui, dépouillés par l'usage, se renouvellent par la teinture, de
manière à durer encore long-temps. » Mém. de l'Inst., t. VII,
1806, page 125, 2ᵉ part.

Les Ibériens étaient habillés de blanc. (Voy. Polyb.) Les
soldats espagnols étaient les plus disciplinés des armées de la
république et faisaient d'ordinaire le service de la grosse in-
fanterie. Ils portaient des habits blancs de lin avec des orne-
mens rouges. (Ib., I, p. 148.) Il est curieux de remarquer que
le rouge soit encore la couleur de la cocarde nationale des espagnols.

(1) Plin., H. N., lib. XIX, cap. I.

(2) Voir les fragmens de l'Histoire universelle de cet écrivain

si nous le rapprochons des relations de ces auteurs sur l'état des mœurs de ces peuples, rendent les problèmes relatifs à leur agriculture et à leur industrie d'autant plus difficiles à résoudre, que ces mêmes écrivains, imbus et dominés par des idées exclusivement grecques, ne voyaient dans les autres peuples qu'ils appelaient barbares (1) que des êtres à demi sauvages.

Néanmoins, si d'une part, nous considérons les particularités que nous avons signalées plus haut, et de l'autre les faits historiques qui constatent les relations commerciales des Lusitaniens avec les Phéniciens et avec les Tyriens, relations dont les détails étaient ignorés des autres nations et conséquemment des écrivains grecs (2),

dans les manuscrits publiés par Henri de Valois, et dans le *Prodromus Biblioth. Græcæ* de Coray.

(1) Tout le monde sait que les Grecs donnaient ce nom à toutes les nations qui ne parlaient pas leur langue ; ils n'en exceptaient pas même les Égyptiens, chez lesquels ils confessaient que tous leurs philosophes et tous leurs législateurs avaient voyagé pour s'instruire. Voy. Brücker et Scaliger sur ce mot.

(2) Rechercher et cacher les pays fertiles en métaux, c'était là toute la politique phénicienne (Heeren, IV, 201), et l'Espagne était regardée comme le pays le plus riche du monde ancien (.Ib., 308.) En effet l'abondance des métaux précieux dans la Péninsule dut contribuer beaucoup au perfectionnement des métiers qui s'occupent de leur apprêt. Diodore de Sicile, liv. V,

il sera peut-être permis de croire que les étoffes de soie qui, selon Ézéchiel (1), étaient exposées par les Syriens dans les marchés de Tyr, n'étaient pas inconnues dans l'Ibérie, où les Tyriens devaient en importer avec d'autres produits du sol et de l'industrie de l'Asie.

Le même prophète nous apprend aussi que Tarsis ou Tartessus possédait de grandes richesses commerciales ; car il nous dit, en interpellant la ville de Tyr :

« Tarsis (2) te fournissait en abondance toutes sortes de biens, elle remplissait tes marchés d'argent, de fer, d'étain, de plomb (3). »

D'un autre côté, le commerce des Phéniciens non seulement s'étendit sur toutes les côtes de

nous prouve que chez ces peuples l'orfévrerie et la bijouterie étaient des arts très communs parmi eux, et lorsque les Carthaginois firent une expédition en Turdetanie, sous Amilcar Barca, les habitans du pays se servaient dans leur ménage de coupes et de grands vases d'argent. Il est utile de consulter aussi, pour connaître l'état de perfection des opérations des mines dans l'Ibérie, les excellens mémoires sur *la métallurgie des anciens*, par M. Ameilhon, t. XLVI. des Mém. de l'Acad. des Inscript.

(1) Cap. XXVII, v.

(2) Voir sur la situation de cette ville, les discussions de Bredows, de d'Anville (Mém. de l'Acad. des Inscrip., t. XXX), de Mannert, et notamment du savant Heeren, *De la Politique et du Commerce*, etc., II, 49 et suivantes.

(3) Rapprocher ce passage de celui du chap. 23-10.

l'Ibérie, mais pénétra même dans l'intérieur du pays, ainsi que l'attestent quelques monumens figurés (1); et avec le culte des dieux de la Phénicie, on vit aussi se répandre dans la Péninsule l'industrie, les arts et la civilisation des Phéniciens.

En effet, Strabon nous apprend qu'on trouvait sur les côtes de l'Ibérie plus de 200 colonies d'origine phénicienne.

M. Heeren croit que les établissemens des Phéniciens en Espagne remontent au delà du temps d'Homère, époque où on recherchait déjà l'étain et l'ambre provenant du commerce des Phéniciens (2).

Cette civilisation était telle au temps des Grecs, que ces peuples, sous Cyrus, en 556 avant notre ère, ayant passé pour la première fois de Phocée dans l'Espagne phénicienne, y trouvèrent Tartessus, constituée en état libre et gouvernée par son propre roi, qui, selon ce que nous apprend Hérodote, usa de procédés généreux en-

______

(1) Ces monumens, que quelques voyageurs ont attribué aux Celtes, sont entièrement conformes à ceux de Gozo, décrits par M. de la Marmora, de l'Académie de Turin.

(2) De la Politique et du Commerce des peuples de l'antiquité.

vers eux; qu'ils reconnurent facilement dans ce prince un homme habitué aux visites des étrangers.

« En arrivant à Tartessus (dit le grand historien), ils se rendirent agréables à Arganthonius, roi des Tartessiens. Les Phocéens surent tellement se faire aimer de ce prince, qu'il voulut d'abord les porter à quitter l'Ionie, pour venir s'établir dans l'endroit de ses états qui leur plairait le plus ; mais n'ayant pu les engager, et ayant dans la suite appris d'eux que les forces de Crésus allaient toujours en augmentant, il leur donna une somme d'argent pour entourer leurs villes de murailles (1).

Ces renseignemens précieux d'Hérodote, nous montrent l'état de civilisation où se trouvait cette partie de l'Ibérie à une époque si reculée.

Nous savons encore que les Phéniciennes effilaient quelquefois des étoffes de soie, et qu'après leur avoir donné ainsi une contexture plus lâche, elles y faisaient entrer du lin, de la laine, et d'autres matières (2). En même temps, les brins de soie provenant des étoffes

(1) Hérodote, I, 163.
(2) Voyez les recherches profondes de Saumaise *in Histor. August.*, pages 127, 309, 310, 339, 341, 342, 395. 513.

effilées leur servaient à fabriquer d'autres tissus également formés par un mélange de plusieurs matières. Ces particularités nous permettent donc de conjecturer que les robes brodées des Lusitaniennes, dont parle Strabon, étaient faites de la même manière dans la Lusitanie, à l'aide des étoffes de soie que les marchands phéniciens importaient de l'Asie dans la Péninsule.

De cette conjecture, il est certain, d'après le témoignage des auteurs d'une époque très reculée, comme d'après le témoignage des auteurs plus récents, que les peuples de la Péninsule avaient une industrie manufacturière qui ne décélait pas l'enfance de l'état primitif.

En effet, si nous nous rapportons à ce que nous apprennent d'autre part les écrivains de l'antiquité, la fabrication des tissus de laine fut portée par les Phéniciens au plus haut degré de perfection (1). Ils surent donner aux étoffes ces riches couleurs dont la renommée a traversé les siècles (2); mais nous n'avons point de notions qui puissent nous assurer qu'ils fabriquaient les étoffes de soie; ni qu'ils connaissaient l'insecte qui produit cette substance.

(1) Hom., Iliad., V, v. 289,
(2) Strab., XVI, II, § 16.

2

Tout ce que nous savons à l'égard de l'industrie manufacturière des Phéniciens, c'est qu'ils fournissaient aux Grecs les produits des fabriques et manufactures de Tyr, tels que vêtemens de pourpre, les objets de parure, de l'or artistement travaillé (1), des ouvrages curieux en ivoire (2), qu'ils se procuraient dans l'Inde.

Ainsi, dans les notions que les auteurs nous donnent de l'industrie phénicienne, nous ne trouvons malheureusement pas la certitude que les Phéniciens aient eu la soie indigène ni des soieries, et pourtant que ce peuple ait pu transporter cette industrie dans l'Ibérie telle que nous la connaissons depuis le VIe siècle de notre ère, avec l'insecte qui en produit la matière première.

Au surplus les marchandises que les Phéniciens portaient à l'étranger se composaient non seulement des produits de leur industrie; *mais surtout des productions qu'ils allaient chercher dans l'intérieur de l'Asie*, ou qu'on leur expédiait. Ils tiraient probablement de fort loin les matières brutes qu'on façonnait chez eux (3) et

(1) Odys., XV, 459.
(2) Eséch., XXVII, 6.
(3) Heeren, de la Politique et du Commerce, etc., II, 95.

la soie devait faire partie de ces matières d'importation étrangère. En effet, le savant Amati
nous dit qu'ils teignaient en pourpre toutes les
étoffes, y compris celles de soie (1). M. Heeren
est d'avis que, comme les Phéniciens teignaient
en laine la plus part des étoffes de pourpre, on
peut en conclure que celles qu'ils envoyaient
dans l'étranger étaient fabriquées par eux-mêmes (2); mais je me permettrai de faire remarquer
que cette observation peut s'appliquer aux étoffes de laine qui étaient fabriquées chez eux ; mais
qu'on ne peut pas comprendre d'une manière
indubitable celles de soie (3).

Au reste, ce savant est forcé de déplorer
comme nous, que l'histoire ne nous ait point
conservé sur ces manufactures des notions plus
positives.

Abandonnant donc ces questions qui récla-
meraient un examen plus approfondi que ne
le comporte le cadre étroit de cet écrit, je dois
me contenter de les avoir indiquées pour si-

(1) Amati, de Restitutione pur., p. 46, édit. in-f° de la Bibliothèque du roi.

(2) Heeren, ouvrage cité, II, 101.

(3) Voyez Addition, *in fin*.

gnaler du moins les ténèbres épaisses qui, dans
l'histoire de l'Ibérie, environnent le sujet dont
nous nous occupons. Je passe maintenant à l'é-
poque romaine.

§ II.

SI L'ART DE FABRIQUER LA SOIE ÉTAIT OU NON CONNU DANS
LA PÉNINSULE IBÉRIQUE AU TEMPS DE LA DOMINATION
ROMAINE.

Il est presque généralement admis que la langue et le savoir de la vieille Italie furent trans-
portés en partie de Rome dans la péninsule ibérique (1), et qu'ils trouvèrent les esprits disposés
à toute espèce de culture, et que les germes de la
civilisation romaine y prirent de merveilleux
développemens. Antérieurement à cette époque,
une civilisation avancée se faisait déjà remarquer chez les Ibériens, surtout dans la Bétique
et dans tout le pays habité par les Turdetains

(1) Voyez D. N. Leaö, Origem da Lingoa Portuguesa, cap VI,
et Mémoires de l'Académie de Lisbonne.

et par les Turdules (1). Plus tard, cette civilisation fut telle que lorsque, après la chute de la république, il y eut à Rome disette de grands génies, ce fut la péninsule ibérique qui envoya des maîtres à la métropole. En effet, Sénèque, Quintilien, Hygin, Lucain, Martial, Columelle et plusieurs autres naquirent et furent élevés dans cette contrée, et, à quelques interruptions près, l'agriculture y fut durant cette longue période, dans un état de prospérité réelle. Néanmoins, malgré les rapports intimes et continuels qui existèrent entre l'Ibérie, la Lusitanie et Rome pendant la période romaine, il n'est nullement présumable que les vers à soie eussent été connus dans ces deux premiers pays; car, au temps d'Auguste, les Grecs, comme les Romains, n'en connaissaient que le nom.

Horace (2), Virgile (3), Properce (4), Tibulle (5), Pline (6), Juvénal (7), Tacite (8), Mar-

(1) Voyez Strab., Geogr., lib. III. (Voyez le paragraphe précédent.)

(2) Ep., VIII, 15.

(3) Georg., II, 121.

(4) Properc., I, 2.

(5) Tibull., II, 3, 57.

(6) Plin., liv. VI, 20 ; XI, 22, 26 ; XXIV, 12, S. 66.

(7) Juv., VI, 559.

(8) Tac., Annal., II, 33.

tial (1), Suétone (2) , Pausanias (3), Vopiscus (4) ,
Lampride (5), s'expriment chacun de manière à
nous prouver que toutes les nations avec lesquelles les Grecs et les Romains furent en relation, ignorèrent la manière dont les Sères recueillaient la soie qu'on allait chercher chez
eux, ou qu'ils importaient chez leurs voisins.

Il serait d'autant plus inutile d'analyser ici les
textes qui attestent ce fait, qu'en 1719, le savant
académicien Mahudel, dans son curieux mémoire sur l'*Origine de la soie* (6), a traité ce sujet
avec beaucoup d'érudition, et fait remarquer
l'obscurité et les contradictions que présente
un passage de Pline (7) qui, avant lui, avait déjà
exercé les plus savans critiques. Les difficultés
qu'offre l'interprétation de ce passage ont, en
particulier, été signalées par le père d'Incar-
ville, dans une dissertation dont M. Julien a
publié un extrait, avec sa traduction des Traités

(1) Mart., III, 82; VIII, 33, 68; IX, 38; XI, 9, 28, 50.
(2) Cal., 52.
(3) In Eliac., liv. VI.
(4) Vopisc. in Aurel., 45.
(5) Lamprid. in Heliogab., 26, 29.
(6) Mémoire de l'Acad. des Inscrip., t. V, p. 218.
(7) XI, 22.

chinois (1). Néanmoins, je rappellerai ici que Mahudel observe très bien « que la diversité de noms et d'idées des anciens sur l'origine de la soie, est une des meilleures raisons qu'on puisse alléguer pour prouver qu'elle leur a été inconnue pendant plusieurs siècles, et que s'il y a eu chez eux un usage continu de la soie, cette soie n'était pas semblable à la nôtre, ou si elle était la même, on la leur apportait sans qu'ils la connussent ; autrement ils nous en auraient parlé avec plus de certitude, et comme d'une chose qu'ils avaient été à portée d'examiner de près. » Cette même incertitude quant au pays où l'on fabriquait les étoffes de soie, fut également signalée par l'illustre d'Anville dans ses *Recherches sur la sérique des anciens* (2), il y fait remarquer en outre, que les anciens ont long-temps considéré la soie comme une espèce de lainage blanc qui se trouvait sur des feuilles d'arbres, et qu'ils ont débité beaucoup de choses extraordinaires sur le compte des Sères (3).

(1) Voyez aussi sur ce passage les notes des deux savans jésuites Hardouin et Brotier, dans l'édition de Pline de 1779.

(2) Mémoire de l'Acad. des Inscrip., t. XXX.

(3) Voyez addition sur la *Sérique* des anciens, *in fin.*

Or, si d'après les autorités que je viens de citer, et surtout d'après Pline, les procédés usités dans l'Asie pour l'extraction de la soie et pour la fabrication des tissus de soie étaient tenus secrets, et si les Romains eux-mêmes les ignoraient, à plus forte raison ces procédés ne pouvaient-ils être connus dans la péninsule ibérique à l'époque romaine.

Au surplus, le fameux traité *de Re Rusticâ* de Columelle, le plus savant agronome de l'antiquité, prouve d'une manière plus décisive encore, selon nous, qu'on ne cultivait pas alors le mûrier dans la péninsule ibérique, comme un arbre dont les feuilles pouvaient servir à la nourriture des vers à soie, et qu'on n'y connaissait nullement cet insecte; car cet auteur, qui était Espagnol, qui avait parcouru son pays et voyagé dans la Gaule, dans l'Italie et en Grèce, ainsi que dans plusieurs provinces de l'Asie-Mineure, particulièrement dans la Cilicie et dans la Syrie, et sur les côtes méditerranéennes de l'Afrique, ne dit pas un mot des propriétés de la feuille du mûrier de nourrir les vers à soie, dans son livre V qu'il a consacré à la culture de l'olivier et d'autres arbres. Il ne parle pas non plus des vers à soie dans ses livres VIII et IX qui sont pleins de détails sur l'éducation des oiseaux et sur les soins à donner aux abeilles (1).

D'autre part nous remarquerons que Pline (2) nous donne des détails sur la culture du blé et de l'orge dans plusieurs provinces de la Péninsule, de celle des cardons, dont il nous assure que les plus petits jardins aux environs de Cartha-

(1) Un savant Portugais, Ferdinand d'Oliveira, professeur à l'Université de Coïmbre, traduisit en portugais, au commencement du XVIe siècle, le traité de Columelle. Cette traduction existe en manuscrit à la Bibliothèque royale de Paris; elle a précédé la première qui fut faite en France, celle de Claude Coterau, qui parut en 1551, et qui devança de près de deux siècles les traductions du même traité que l'on publia en anglais à Londres, en 1745, et en Italie, à Venise, en 1793, et en 1808. Le laborieux Barbosa Machado n'a pas connu la traduction manuscrite de Ferdinand d'Oliveira, car il ne la cite pas dans sa *Bibliotheca Lusitana*.

Dans mon ouvrage intitulé *Notice des manuscrits portugais qui existent dans les Bibliothèques de Paris* (1820-1821), j'ai indiqué l'existence de ce manuscrit. Cette notice a été publiée par l'Académie royale des Sciences de Lisbonne en 1827.

Depuis les rédacteurs du journal portugais intitulé *Annaes das Sciencias,* ont imprimé cette traduction d'Oliveira dans leur recueil.

Au surplus, ce ne furent pas seulement ces écrivains qui rendirent cet hommage à l'illustre agronome péninsulaire : le savant botaniste Loureiro consacra à sa mémoire un *Cissus* appelé dans la Cochinchine *cayrat-long.*

(2) Plin., H. N. XVIII, cap. 18.

gène et de Cordoue, où cette culture était suivie, étaient d'un revenu considérable (1). Il nous rapporte encore, d'après un auteur espagnol, qu'avec du *glaburum*, sorte d'orge, on faisait en Ibérie une boisson (2). Il nous donne des détails encore sur les brebis nées sur les bords du Bétis, sur celles d'Oca (3) et sur d'autres brebis appelées *musmons* (4). Le même auteur nous donne également des détails sur l'éducation des abeilles dans quelques endroits de la Péninsule (5); il parle du grand cas qu'on faisait dans ce pays du *cocolobis*, raisin gros et noir qui est encore estimé en Portugal (6); il nous parle du lin de *Zeolicum* en Gallice (7) et de l'usage que les peuples de la Péninsule faisaient de cribles de lin pour passer la farine (8); il nous parle des fruits secs que l'Espagne exportait pour Rome, et pour d'autres pays, entre autres des figues dans des petites boîtes (9), comme on fait encore de

(1) Plin., H. N., XIX, cap. 43.
(2) *Ib.*, XVIII, cap. 15.
(3) *Ib.*, VIII., cap. 48 et 49.
(4) *Ib.*, VIII, cap. 19.
(5) *Ib.*, XI, cap. 8.
(6) *Ib.*, XIV, cap. 4.
(7) *Ib.*, XIX, cap. 1.
(8) *Ib.*, XVIII, cap. 28-
(9) *Ib.*, XV, cap. 19.

nos jours, notamment aux Algraves, où le commerce de cette production, quelquefois dans une année, monte à plus d'un million de francs. Le même auteur nous parle encore de la pourpre, du bleu d'outre-mer, et de la soryou, couperose cendrée de la Péninsule (1), de la graine d'écarlate qui vient d'un insecte appelé kermès, qui dépose ses œufs sur une espèce particulière de chêne, et il nous dit que beaucoup de gens dans la Péninsule vivaient de cette récolte et de la vente qu'on en faisait (2). Le même auteur nous cite les arbres qui fournissaient au peuple de la Péninsule du bois de construction (3).

Or on voit par ce que nous venons de citer, que ce savant écrivain, tout en donnant des détails sur un grand nombre de productions de l'Espagne dans les règnes animal et végétal, ne dit pas un mot des vers à soie, ni de la propriété des feuilles du mûrier pour nourrir ces insectes (4).

Varron, qui nous donne aussi des détails sur la

(1) Plin., H. N., XXXII, 21 ; XXXIII, 47 ; XXXIV, 30 ; vide lib. V, cap. 119.
(2) Plein., H. N., IX, 41, et XVI, 12.
(3) *Ib.*, XVI, cap. 79.
(4) *Ib.*, XVIII, 27. Voyez Addition *in fin.*

construction des greniers (1), sur celle des murs
d'enclos des propriétés rurales dans la Péninsule (2), garde le même silence à l'égard des vers
à soie et du mûrier.

Les anciens parlent souvent du mûrier, notamment du *mûrier noir*. Mais toutes les notions
qu'ils nous donnent sur cet arbre prouvent qu'ils
en font mention seulement parce qu'ils aimaient
le fruit, et qu'ils ignoraient la propriété de ces
feuilles pour la nourriture des vers à soie, propriété dont ils ne parlent jamais.

En effet, Eschyle, Sophocle, Nicandre, Dion-
Cassius, Horace, Varron et Columelle parlent
des fruits des mûriers, et d'autres, comme Théophraste, Dioscoride et Galien, de leurs propriétés
médicinales (3).

L'abbé Brotier, dans un mémoire sur les *Connaissances et l'usage de la soie chez les Romains* (4), a vainement cherché à prouver que,
d'après la description d'Aristote (5) et de Pline (6),

(1) Varron, *De re Rustica*, lib. I, cap. 47.
(2) Ibid., I, cap, 14.
(3) Levin-Lemn. mercuriale. Voyez addition *in fin*.
(4) Mém. de l'Acad. des Inscrip. et Belles-Lettres, t. **XLVI**.
Mém. lu le 15 juin 1784. Voyez addition *in fin*.
(5) Arist., Hist. animal., **V**, 19.
(6) Plin., H. N., **XI**, 22.

le *Bombyx* réunissait les principaux caractères
du ver à soie. Il est même forcé d'avouer que
les Romains, bien qu'ils connussent trois sortes
de soie, ignoraient complètement les procédés au
moyen desquels on fabriquait dans l'Orient les
étoffes précieuses dont on faisait un usage si gé-
néral. Il est également forcé de reconnaître
que Virgile, Pline et Ammien-Marcellin (1) *ne
parlent point du ver à soie.* Le lecteur s'apercevra facilement que cet aveu est une confirmation
de l'opinion où nous sommes, qu'avant le règne
de Justinien, les vers à soie n'avaient pas été introduits chez les Romains. L'analyse même du passage de Pline relatif à l'île de Cos, montre que ce
grand écrivain n'avait que des idées confuses et
erronées sur l'insecte qui produit la soie et sur la
fabrication de cette matière (2). Au surplus, Brotier, après avoir exposé les connaissances de
Pline à ce sujet, et commenté cet auteur, observe

(1) Ammien-Marcellin vécut au IVe siècle de notre ère. Son
silence sur les vers à soie est d'autant plus remarquable qu'il
accompagna l'empereur Julien dans son expédition en Perse,
pays d'où furent apportés, deux siècles plus tard, les vers à soie
à Constantinople.

(2) Rapprochez Plin., VI, 20; XII, 18, 26; XXIV, 41, avec
un passage du même auteur, I, 14, où il parle de la foire près
de l'Euphrate, où l'on allait acheter ce que les Indiens et les
Sères y apportaient.

que la soie si utile dans l'Orient où elle entretient l'industrie des peuples, fournit à ses besoins et multiplie ses richesses, *n'a été pour les Romains qu'un objet de luxe et de mollesse.* Il dit aussi que c'étaient des négocians qui rapportaient la soie à Rome, où ils la vendaient au poids de l'or.

Nous croyons devoir transcrire ici les judicieuses réflexions qu'il fait à ce sujet. « Rome, dit-il, n'avait qu'un moyen pour empêcher la ruine que ce luxe entraînait, c'était *de se procurer des vers à soie et de les élever dans ses provinces*, elle ne l'imagina pas : ce défaut de politique en entraîna un autre encore plus funeste. Le partage de l'empire porta les richesses à Constantinople, et le luxe de la soie y devint plus grand qu'à Rome; il ne se borna plus aux familles nobles, il descendit jusqu'aux basses conditions.

« Un tel excès, et la politique de Justinien inspirèrent enfin des pensées sages. »

Les autorités citées par le savant académicien dans son Mémoire, prouvent au reste que la soie dont les Romains faisaient usage au IIIe siècle, sous le règne d'Aurélien, était celle qui provenait de l'Orient, ou du pays des Sères (1).

____

(1) Aurélien au commencement de son règne, ne portait

C'est de là que la soie s'est répandue, mais lentement, dans l'Europe. Elle a été plus de huit siècles à venir de l'Asie à Constantinople ; il lui a fallu près de six siècles pour venir de Constantinople, en Sicile où le comte Roger l'apporta vers le milieu du XIIe siècle. On voit par cette citation, que Brotier ne connaissait pas l'époque de l'introduction des vers à soie et du mûrier dans la péninsule hispanique.

Observons enfin que plusieurs écrivains établissent une différence formelle entre les deux espèces d'étoffes dont l'une était appelée *vestes bombycina*, et l'autre *vestes serica*, tandis que beaucoup d'autres confondent ensemble ces deux dénominations (1). Quelle que soit l'opinion que l'on adopte dans cette controverse, il n'en restera pas moins constant que les Romains désignaient la soie par une appellation qui attestait l'origine étrangère de cette substance.

Ainsi ce serait vers le VIe siècle seulement que les procédés de la fabrication de la soie pour-

---

point d'habillemens de soie, et l'impératrice ayant désiré d'en avoir, il lui en refusa. « Les dieux me préservent, dit-il, d'employer de ces étoffes qui s'achètent au poids de l'or. » (Saum., *Hist. August.*)

(1) Voyez Addition, *in fin*.

raient avoir été connus en Espagne, par suite des rapports qui existèrent entre les différens peuples de la Péninsule et l'empire d'Orient, pendant le règne de Justinien. C'est à cette dernière époque, selon Procope, Théophane de Byzance et Zonaras, souvent cités, que les vers à soie furent apportés à Constantinople, ainsi que les procédés relatifs à la fabrication des diverses étoffes de soie dont on admirait la beauté (1). Si une semblable importation eut lieu dans la Lusitanie vers cette même époque, il faudrait peut-être en attribuer le mérite au célèbre Jean de Biclar, qui, né à Santarem au VIe siècle, était allé dans sa jeunesse à Constantinople, y séjourna pendant dix-sept ans, et devint un des hommes les plus savans de son siècle ; mais le silence des écrivains et la lacune qu'offrent les documens à cet égard ne me permettent de présenter cette opinion que comme une simple conjecture.

Car, quoique les empereurs grecs aient encore possédé dans ce siècle et le suivant tout le littoral de l'Espagne à l'est du détroit jusqu'à Valence, et le sud du Portugal, aujourd'hui les Algarves ; quoique Héraclius, après même avoir

(1) Voy. Gibbon, t. VII, page 245 et suivantes (règne de Justinien), trad. franç. de M. Guizot.

cédé au roi Goth, Sisébut, les possessions de l'empire dans la Péninsule, ait gouverné quelques villes dans les Algarves (1) ; quoique enfin, à ces époques, la Péninsule ait entretenu des rapports fréquens avec Constantinople, où l'on connaissait les vers à soie et l'art de tisser les étoffes de soie, je ne trouve aucune trace de l'importation de cette industrie en Espagne, ni en Portugal aux VIe et VIIe siècles.

§. III.

LA CULTURE DU MURIER, L'ÉDUCATION DES VERS A SOIE ET L'ART DE FABRIQUER LES TISSUS DE SOIE ÉTAIENT-ILS OU NON CONNUS DANS LA PÉNINSULE, DURANT L'OCCUPATION DES GOTHS ET DES VISIGOTHS ?

Malgré les relations de commerce très actives qui, sous les rois goths, existaient entre la Péninsule et l'empire grec, je n'ai pu découvrir aucun document qui permit de croire qu'à cette époque les Espagnols aient connu la culture du

(1) Voy. Flores, t. VII, page 320 ; Rodrigue de Tolède, II, XVII ; Ferreras (an 615).

mûrier et les vers à soie. Masdeu, confondant
l'usage que l'on faisait alors des étoffes de soie
et de l'art de les fabriquer, a affirmé, il est vrai,
que pendant la domination des Goths cet art n'é-
tait point resté inconnu aux habitans de la Péninsule; mais il ne produit aucune preuve à l'ap-
pui de cette assertion.

On ne trouve même aucun indice de la fabrication des étoffes de soie, ni de la culture du
mûrier, à l'époque mémorable de Théodoric II,
sous le règne de qui existait déjà un système
de législation favorable à l'agriculture et aux
arts (1). Je dois d'ailleurs faire remarquer que
dans le code des Goths, où l'on trouve l'énumé-
ration des diverses espèces d'arbres qu'il était
défendu de détruire, et le tarif des amendes à
prononcer pour chaque cas de contravention à
cette défense, il n'est nullement fait mention du
mûrier. Or si cet arbre eût été cultivé alors dans
la Péninsule, on n'aurait pas manqué de le comprendre au nombre de ceux dont la conserva-
tion intéressait la fortune publique. On peut donc,
sans craindre de se tromper, affirmer qu'à l'épo-

(1) Voyez *Forum judicum,* dans la partie des lois sur l'a-
griculture.

que des Goths la culture du mûrier blanc n'avait pas encore été introduite chez les Espagnols.

J'ajoute enfin que dans ce même code, dont je viens d'interpréter le silence à l'égard du mûrier, on ne voit aucune peine prononcée contre ceux qui détruiraient les vers à soie, tandis que la destruction des animaux utiles et nommément celle des abeilles, y sont déclarées passibles de peines diverses.

§ IV.

L'INTRODUCTION DE LA CULTURE DU MURIER ET DES VERS A SOIE DANS LA PÉNINSULE, DATE-T-ELLE DE L'ÉPOQUE DE LA DOMINATION ARABE?

Les premières notions positives qui nous sont parvenues sur l'introduction de la culture du mûrier, et l'établissement des manufactures de soieries dans la Péninsule, datent du temps de la domination des Arabes.

D'après l'abbé Renaudot, suivi en cela par de Guignes, les Arabes avaient déjà, au VIIIe siècle, des rapports commerciaux très importans avec la Chine. M. Pardessus , citant aussi l'*Ancienne Relation des Indes* (1), a récemment rappelé que le nombre des Arabes établis au IXe siècle, en Chine, était si considérable, qu'ils avaient obtenu la permission d'y avoir un cadi pour l'exercice de leur religion et pour l'administration de la justice.

Déjà du temps de Pline, les Arabes s'étaient fixés à Ceylan (2), et pourtant ils faisainet alors le commerce sur la mer des Indes ; il est même avéré que depuis un temps immémorial les Arabes s'étaient emparés, comme navigateurs, du commerce intermédiaire de tous les peuples placés autour de la mer des Indes, et qu'ils en conservèrent la possession jusqu'aux découvertes des Portugais (3).

On peut donc présumer que ce furent les Arabes qui transportèrent de Chine dans la Péninsule ibérique le mûrier et les vers à soie (4).

(1) Tableau du Commerce antérieurement à la découverte de l'Amérique.

(2) Plin., VI, 24.

(3) Voyez Heeren, III, 442.

(4) Les Arabes d'Espagne avaient entretenu des relations suivies avec l'Orient. On cite que plusieurs d'entre eux , aux VIIIe, IXe et Xe siècles, explorèrent l'Egypte, la Perse et l'Inde. (Conde, *Hist. de los Arab.*, I, 231, 268, 286, etc.)

A l'époque dont nous parlons, l'état de l'agriculture parvint au plus haut degré de prospérité
en Espagne, ainsi que nous l'attestent un grand
nombre de témoignages, et notamment le traité
d'agriculture qui fut composé par un Arabe de
Séville, *Abou - Zacharia-Jahia* (1), et qui a été
traduit par José-Antonio Banqueri, élève de l'é-
cole des langues orientales de Lisbonne. L'auteur
de ce traitévivait vers le XIIe siècle; il cite plus
de cent autres écrivains arabes qui l'avaient
précédé. Ceux qui furent consultés par Conde,
nous apprennent, en effet, qu'au temps des cali-
fes de Cordoue, de la dynastie des Ommiades,
et notamment sous le règne d'*Abderrahman III*,
c'est-à-dire au Xe siècle, cette contrée exportait
une grande quantité de *soie brute et d'étoffes
de soie.* Les Arabes de la Péninsule exportaient
ces articles de commerce presque pour toutes les
parties du monde, mais principalement pour
le nord de l'Afrique et pour la Grèce (2), et en

(1) On peut consulter aussi l'ouvrage d'Alonso d'Herrera
sur l'agriculture de l'Espagne. Mais cet auteur, dans le cha-
pitre très court qu'il consacre à l'histoire de la soie, se montre
beaucoup trop dépourvu d'érudition et de critique.

(2) Quelques historiens grecs du Bas-Empire, dont les relations sont restées manuscrites, font souvent mention de la perfection des étoffes de soie fabriquées dans la Péninsule. On

échange, ils rapportaient de ces pays, et surtout d'Alexandrie, plusieurs autres articles de luxe.

Cette branche d'industrie était si prospère dans la Péninsule, au XIIe siècle, que le célèbre géographe Édrisi, qui voyageait dans la Péninsule à cette époque, assure qu'il y avait dans le seul royaume de Jaen plus de six cents villes et hameaux qui faisaient le commerce de la soie.

Dans le siècle suivant, cette prospérité était encore très grande dans le royaume de Grenade. Conde nous apprend (1) que le roi maure *Aben-Alahmar*, qui régnait en 1248, protégea beaucoup la fabrication de la soie ; et il ajoute que cette fabrication avait été tellement perfectionnée, que la soie d'Espagne était préférée à celle de la Syrie.

D'un autre côté, nous savons que Séville, sous

trouve cette même mention dans l'ouvrage de Léon-le-Diacre, qui vécut à cette époque (Xe siècle) et qui écrivit une histoire des événemens de son temps. Cet ouvrage très précieux, qui fait maintenant partie du *Corpus scriptorum Historiæ Bysantinæ* (Bonnæ, 1828), fut, on le sait, signalé à l'attention des érudits par notre savant confrère, M. Hase, dans une notice qui a été insérée au t. VII des *Notices et Extr. des manuscrits de la Biblioth. du roi.*

(1) D. José-Antonio Conde, *Hist. de la Dominacion de los Arabes en Espana y nel Portugal*, t. III, page 37.

(2) Voy. Addition *in fine.*

la domination des Maures, comptait à elle seule
6,000 métiers pour les étoffes de soie (1).

Ces particularités prouvent encore que les
Arabes d'Espagne n'avaient pas les scrupules si-
gnalés par d'Herbelot dans sa *Bibliothèque orien-
tale* (2).

Le fait de l'introduction de la fabrication de
la soie dans la Péninsule au IXe ou au Xe siècle,
étant ainsi mis hors de toute contestation, il
devient évident que plusieurs auteurs, et notamment Peuchet, sont tombés dans une grave erreur lorsqu'ils ont prétendu que ce furent les
Siciliens qui portèrent en Espagne les procédés

(1) Le lecteur qui voudra se procurer des notions sur les vi-
cissitudes que cette branche d'industrie éprouva après le XVe
siècle, devra recourir à l'article *Manufactures* dans le tome IV
de *l'Itinéraire descriptif de l'Espagne*, publié par M. le
comte Alexandre de Laborde, p. 302, 303 et 320. Sur l'état de
cette industrie et les procédés qu'on employait en Espagne à
la fin du XVIIIe siècle et au commencement du XIXe, il faut
consulter les détails minutieux qui se trouvent dans l'ouvrage
de Bourgoing, intitulé *Tableau de l'Espagne moderne*, III,
12, page 285 et suivantes. Pour la partie de l'éducation des
vers à soie et de cette industrie dans différens pays, on peut
consulter le curieux ouvrage de M. *Léon de Teste*, intitulé
*du Commerce des soies et soieries en France, considéré dans
ses rapports avec celui des autres états.* Avignon, 1830.

(2) Voir Biblioth. orient., article Harir.

relatifs à la fabrication de la soie. Je dois même ajouter aux témoignages que j'ai précédemment produits, celui d'Otton de Frise, qui, dans son histoire du règne de Frédéric Barberousse (1), rapporte que l'art de la fabrication de la soie au XIIe siècle était tellement florissant dans la Péninsule ibérique, *que les Génois s'étant emparé,* en 1148, de deux villes maures en Espagne, y apprirent cet art, qui n'avait été que très récemment importé de la Morée en Sicile. Je dois remarquer ici que le récit de ce célèbre chroniqueur est de la plus haute importance; car Otton, qui naquit dans la seconde moitié du XIe siècle, et qui mourut en 1158, avait suivi l'empereur Conrad, son frère, dans son expédition en Syrie, pays d'où les anciens tirèrent long-temps la soie. On peut donc croire qu'il était parfaitement instruit de tout ce qui tient à la fabrication de cette matière, et à l'importation en Europe de l'industrie qu'elle y a créée.

Cascales, historien de Murcie, prétend, il est vrai, que l'art de travailler la soie ne fut pas introduit dans la Péninsule avant la fin du XIVe

---

(1) *Otton Frinsingensis de Rebus gestis Fredericis*, cité par M. Pardessus dans son savant ouvrage, *Tableau du Commerce, etc.*, quatrième époque, p. 66.

ou le commencement du XVe siècle, mais il s'appuie sur la seule raison qu'il n'avait trouvé dans les archives de Murcie aucun document relatif à ce sujet, qui remontât à une époque antérieure (1). Ainsi non seulement cet auteur n'avait point connu les particularités qui viennent d'être signalées, ni la véritable date de l'introduction en Espagne des procédés relatifs à la fabrication de la soie et des étoffes de soie, mais il ignorait même complètement qu'à l'époque arabe les impôts établis sur la soie indigène formaient une branche considérable des revenus de la partie de l'Espagne qui était soumise aux Ommiades.

Les arts utiles, les procédés nouveaux introduits dans la Péninsule par les Arabes, continuèrent à y être conservés après que ce pays eût été affranchi de la domination des Maures (2). L'histoire du Portugal, depuis l'établissement de la monarchie au XIIe siècle, nous en fournit en particulier plus d'une preuve.

(1) Voir Cascales, t. I, cap. VII, fol. 289.
(2) Capmany, *Mémorias, etc.*, t. II, p. 15, 40, 45, 57 et 59, nous montre qu'à mesure que les Espagnols faisaient des conquêtes sur les Arabes, ils recueillaient les fruits de la civilisation et de l'industrie de leurs ennemis.

Mais je dois m'abstenir d'entrer ici dans des détails à cet égard, J'ai traité ce sujet dans un Mémoire spécial que je me propose de publier ultérieurement.

Je ferai néanmoins remarquer que déjà, au XVe siècle, un capitulaire des Cortès de Coimbre et d'Évora (1472-1473), nous montre que les députés du peuple (1) rappelèrent au roi Alphonse V les informations et les détails qu'on avait recueillis sur les causes de la grande richesse du royaume de Grenade, et qu'ils constatèrent que cette immense prospérité provenait de la culture des mûriers et de la fabrication de la soie. Ces mêmes députés observent ensuite que le Portugal étant plus propre que le royaume de Grenade au développement d'une telle industrie, il convenait de l'encourager, ou du moins de la propager dans les autres parties du royaume, de manière à ce qu'elle pût y atteindre l'état de prospérité où elle était parvenue dans la province de *Tras-os-Montès* et en d'autres endroits du royaume (2). Ils finissent par rappeler au roi

(1) Cette désignation se trouve dans plusieurs documens, entre autres dans une ordonnace de Jean IV, du 26 février 1641.

(2) *Augustin Gallo*, auteur italien qui a écrit sur l'agriculture, en 1540, assure que ce n'est que de son temps qu'on a

combien il serait utile de faire strictement exé-
cuter ce qui avait été précédemment ordonné,
que chaque propriétaire serait tenu de planter
vingt pieds de mûrier. Dans un autre capitulaire
des mêmes Cortès, que j'ai publié le premier
dans le tome II de mes *Mémoires pour l'histoire
des Cortès* (1), on trouve encore la preuve de
l'intérêt que les Cortès attachaient à la culture
du mûrier et à l'éducation des vers à soie. Par un
autre capitulaire des Cortès d'Évora, de 1481,
sous le règne de Jean II, nous voyons que les
députés du peuple se plaignirent de [quelques
exactions de certains officiers publics contre
ceux qui cultivaient cet arbre précieux et qui
élevaient les vers à soie. Ce capitulaire nous
révèle encore une particularité fort curieuse, c'est
que ceux qui exploitaient alors cette industrie
en retiraient de grands bénéfices, et formaient
une classe nombreuse.

Quoi qu'il en soit, la culture du mûrier était
incontestablement très répandue en Portugal
avant la découverte de la nouvelle voie de com-

commencé à élever des mûriers de semence en Italie, d'où on
peut conclure que ces arbres n'y étaient pas encore en grand
nombre. (Lois. Deslongchamps, 34.)

(1) *Memorias*, Lisbonne, imprimerie royale, 1827, 1828.

munication avec la Chine par le cap de Bonne-Espérance, doublé par Vasco de Gama, en 1497; car je remarque aussi, outre les documens cités qui constatent ce fait, je remarque, dis-je, dans les instructions données par le corps électoral de la ville d'Elvas à ses députés, aux Cortès de 1498, sous le règne d'Emmanuel, signées le 29 janvier, qu'il y est question de la loi qui prescrivait la plantation des mûriers, et de sa stricte exécution par les agriculteurs et propriétaires des différens districts dépendans de cette ville (1).

En rapprochant ces particularités et ces dates de ce que nous apprend Olivier de Serres, qui place l'introduction du mûrier en France sous le règne de Charles VIII (de 1483 à 1498), et encore avec ce que nous lisons dans les ouvrages de La Bruyère, de Champier, de Liebaut, de Quiqueran, et dans celui de Rosier, où l'on voit que cet arbre était peu cultivé dans ce pays; si nous les rapprochons, dis-je, de la date du premier édit qui, en 1554 ordonna la plantation du mûrier, ce rapprochement nous montrera que l'introduction de cet arbre et des vers à soie en

____

(1) Voir ce document dans le t. I de mes **Mémoires des anciens Cortès**. Le mûrier dont il est question dans ce document parait être le mûrier nain (*morus nana*).

Portugal devança de beaucoup leur introduction en France (1).

Je pense que d'autres espèces de mûriers de Chine furent transportées de ce pays en Portugal depuis le séjour que Thomas Pires y fit vers les années 1516, 1517, et notamment depuis l'établissement des Portugais à Macao.

Je regrette néanmoins de ne pouvoir dans ce moment consulter la relation que Vicente Sarmento écrivit, au XVIᵉ siècle, sur la Chine, ni la chronique inédite du père Louis Coutinho, qui traite du commerce de la Chine, et dont le manuscrit se trouvait à la bibliothèque publique de Lisbonne : ces écrits fourniraient peut-être des renseignemens curieux sur cet objet.

Toutefois la culture des mûriers et l'éducation des vers à soie continuèrent à être encouragées par le gouvernement portugais dans le cours du XVIIᵉ siècle; car je vois qu'à cette époque, non seulement des plantations considérables de mûriers furent ordonnées dans tout le vaste arron-

(1) Chomel nous dit (Dictionnaire économique), que les Espagnols vendaient en France des graines de vers à soie, et ajoute la particularité curieuse qu'ils prétendaient reproduire les graines de cet insecte par un moyen semblable à celui que nous indique Virgile pour la reproduction des abeilles.

dissement de Torrès-Védras, dans la province d'Estramadure, mais encore que ces plantations furent exécutées (1).

Dans le siècle suivant, sous le règne du roi Joseph, la loi du 6 août 1757 contribua à encourager cette branche d'économie rurale; et depuis ce temps les villes de Lisbonne, Coimbre, Braga, Guimaraes, Moncorvo et Porto possèdent d'importantes manufactures de soieries.

Enfin, sous le règne de Jean VI, des prix d'encouragement furent établis en faveur de la cultnre des mûriers. On planta même des arbres de cette espèce sur plusieurs des places publiques de Lisbonne, et l'une d'elles porte encore le nom de Place des Mûriers (Amoreiras).

Je terminerai ce Mémoire par une observation relative à l'opinion de Desmarets sur les matières premières des étoffes que l'on à trouvées dans les tombeaux du X\ :^e^: siècle qui furent découverts par suite des fouilles exécutées à Saint-Germain-des-Prés, vers la fin du siècle dernier; ce savant a pensé (2) que ces étoffes

(1) Voy. l'ordonnance royale du 6 octobre 1676 (liv. VI des registres de la commune), et lettres patentes du 5 janvier 1678.

(2) Mémoires de la classe des sciences mathématiques de l'Institut, t. III, ann. 1806.

avaient été fabriquées en France, et que l'on pouvait leur appliquer tout ce que Pline et Ammien-Marcellin disent des tissus les plus riches dont les Grecs et les Romains firent usage, mais la simple inspection des dessins que l'auteur a joints à sa dissertation prouve, à mon avis, que M. Lenoir a été fondé à considérer les étoffes provenant des tombeaux de Saint-Germain-des-Prés, comme des produits d'une industrie asiatique(1). Au surplus c'était par la voie des comptoirs que des étrangers tenaient à Avignon, que la France était fournie encore au XIIIe siècle des belles étoffes de soie dont l'Italie pourvoyait alors l'Europe (2).

(1) Voir l'article Tombeau dans le Dictionnaire des découvertes.

(2) Uzano, *Pratica della Mercatura,* chap. LXI.

NOTES ET ADDITIONS.

Strabon quoiqu'il eût beaucoup voyagé ne visita pas la Péninsule. (Pag. 8.)

En effet, ce savant géographe nous apprend lui-même qu'il avait parcouru l'Égypte, l'Asie, la Grèce, l'Italie, la Sardaigne et les autres îles; l'Arménie jusqu'à l'Étrurie, et depuis le Pont-Euxin jusqu'à l'Ethiopie, mais il n'est jamais question qu'il ait visité la péninsule hispanique.

Les femmes lusitaniennes portaient des robes et des habits brodés. (Pag. 10 et 16.)

La découverte de broder à l'aiguille (*acu pingere*) est

attribuée aux Phéniciens; aussi les habits brodés furent-
ils appelés d'abord *Phrigioniæ.* (Plin., Hist. nat., VIII, 48,
S. 74.)

On ne peut pas soutenir d'une manière indubitable que les
  étoffes de soie que les Phéniciens teignaient en pourpre
  aient été fabriquées chez eux. (Pag. 19.)

Claudien nous dit que les Sérès livraient la soie, et
que les Phéniciens lui donnaient les couleurs. (Claudian,
l. IV, *Cons. Honor.*, V, 599 et 600.)

  Sur la Sérique des anciens. (Pag. 23.)

« Depuis près de deux mille ans, dit Gossellin, les
géographes n'ont cessé de parler de la *Sérique* ; cependant sa situation est encore inconnue (1). Le lecteur s'apercevra, par l'assertion de ce savant géographe, combien cette question de l'histoire de la géographie des
anciens est difficile et confuse, et il se convaincra
d'autre part, qu'il serait impossible de discuter ici,
moyennant de nouvelles recherches, un sujet sur lequel un savant de ce siècle a presque rempli deux volumes in-4° (2). Je me bornerai donc à indiquer les opinions et les ouvrages de quelques savans qui se sont oc-

(1) Gossellin, *Nouvelles Recherches sur la Sérique des anciens.*
Journal des Savans, juin 1792, p. 346.
(2) Hager, *Numismatique chinoise.* Paris, 1805, 1 vol. in-4°.
Panthéon chinois. Paris, 1806, 1 vol. in-4°.

cupés plus spécialement de cet objet, afin de renvoyer le lecteur à leurs ouvrages, où les différens passages des auteurs anciens sont discutés d'une manière plus ou moins habile.

Je commencerai par un des plus savans géographes, l'illustre d'Anville. D'après ce géographe, la *Sérique* est placée dans la Mongolie, à l'est du désert de Cobi (1).

Mentelle croit que la *Sérique* décrite par Ptolémée était au nord-ouest du pays appelé actuellement la Chine (2); mais, selon Pinkerton, la *Sérique* décrite par Ptolémée ne peut être que la petite *Bucharie* (3). Pauw place ce pays dans l'Igour; Bayer, dans le Tibet; sir W. Jones, dans le Tancut; Gossellin, à Séri-Nagar. Malte-Brun, qui a discuté au long cette question (4), comme Pinkerton, croit que c'était le grand et le petit Tibet, avec une lisière de la petite Bucharie, le Cachemire. Lelewel croit aussi que la Sérique est une partie du Tibet; mais il lui donne un autre emplacement que Malte-Brun (5). M. Latreille dans une notice qu'il a publiée, compte trois Sériques. La première, celle de Ptolémée, dans l'Asie supérieure : selon lui, elle occupait la partie septentrionale et occidentale de la petite Bu-

(1) Voy. Géographie ancienne de l'Asie, et *Recherches sur la Sérique des Anciens*. Mém. de l'Acad. des Inscrip., t. XXX.

(2) Encyclop. méthod., t. III. Paris, 1792, art. *Sérica* et *Sérés*.

(3) Pinkerton, *Modern, geograp. phys.*, II, 372 et suivantes.

(4) Malte-Brun, *Précis de la Géographie universelle*, I, 143 et suivantes.

(5) Note de M. Huot, dans la nouvelle édition de Malte-Brun. Paris, 1831. Rapprochez cette note de Lelewel. *Histoire ancienne de l'Inde*. Varsovie, 1820.

charie, et sa capitale était *Sera-Metropolis*, elle s'étendait jusqu'au désert de Cobi. La seconde *Sérique*, d'après ce savant, est celle du nord de l'Inde. La troisième, dont les anciens ont le plus généralement parlé est celle que Latreille appelle *Série* (Seria), c'est l'Inde au-delà du Gange, aujourd'hui l'empire de Birman, où se trouve le fleuve Sérus, et la *Sera-Major* d'Aethicus, et des Tables de Peutinger, ou de Théodose (1).

D'autres savans sont d'une opinion entièrement opposée : Isaac Vossius, Deguignes, Mannert, et notamment Hager, prétendent que la Sérique des anciens est la Chine. Selon ce dernier, la Chine a été connue des Grecs, et les Sérès des auteurs classiques ont été les Chinois, et il veut que la *Sérique* des Grecs, ou le Thina ou Tzinistan des auteurs anciens, d'où venait la soie, ait été la Chine.

« La soie, dit-il, a été cultivée à la Chine depuis les temps les plus reculés. Le Chouking parle de la soie en plusieurs endroits. La culture de la soie se célébrait en Chine par des fêtes annuelles, comme l'agriculture. En lisant tous ces détails, dit-il autre part, on pense naturellement que la *Sérique* des anciens doit être la Chine, et lorsque nous voyons que la soie des Romains venait d'un pays plus oriental que la Perse, et voisin des Indes, et que ce pays s'appelait *Sérique*, on croit reconnaître la Chine dans cette *Sérique*, et dans *Sera-Metropolis, sa capitale* (2). »

(1) Voyez note de M. Huot, dans Malte-Brun, I, déjà cité.
(2) Voyez Panthéon chinois.

Hager s'appuie sur les assertions d'*Isaac Vossius*, en disant : « Vossius, un des hommes les plus savans de son siècle, a même osé dire que celui qui douterait que les Chinois d'aujourd'hui soient les Sèrès des anciens, pourrait aussi douter que le soleil d'aujourd'hui soit le même que celui qui luisait anciennement (1). »

Hager ne se contentant pas d'employer une foule d'argumens en faveur de ses opinions, ajoute une carte d'un voyage d'une caravane grecque à la *Sérique*, rapporté par Marinus de Tyr, cité par Ptolémée (2), afin de montrer que la Sérique de ces géographes était la Chine.

Quoi qu'il en soit, les deux ouvrages de Hager sont très utiles à consulter sur ces deux questions, savoir si les Grecs ont ou n'ont pas connu la Chine, et si la *Sérique* des anciens est la Chine des modernes. Cet orientaliste a groupé les opinions des auteurs anciens sur la Sérique, et il discute souvent ces passages avec plus de sagacité que de profondeur ; enfin, il ajouta même la citation de quelques cartes géographiques antérieures aux découvertes des Portugais au XVIᵉ siècle. Au surplus, avant lui, il est vrai, le célèbre Deguignes avait déjà soutenu, comme Vossius, que les *Sérès étaient les Chinois*, et que c'était en vain que d'Anville s'efforcait de prouver que le nom de Sérès ne leur appartient pas (3). De même le célèbre géographe allemand Mannert (4), après avoir exa-

(1) Is. Vossius, *ad Pompon. Melan.*, I, cap. ii.

(2) Panthéon chinois, édition de 1806, p. 120, exemplaire de la Bibliothèque du Roi.

(3) Deguignes, Mém. de l'Acad. des Inscrip., t. XLVI, p. 557.

(4) Mannert, Géograph. der Griechen, etc. Nuremberg, 1795, t. IV, p. 500 et suivantes.

miné au long si la *Sérique* peut être placée, d'après d'Anville, à l'occident de la Chine, déclare qu'à moins qu'on ne veuille renverser tout le système géographique de Ptolémée, et agir arbitrairement, on se croit dans la nécessité d'expliquer la *Sérique* par la Chine septentrionale (1).

Enfin, un des savans dont l'Allemagne s'honore de nos jours, M. Heeren (2) discuta de nouveau cette question de la position de la *Sérique* des anciens. En parlant de l'époque babylonienne, il dit : « Le nom de *Sérès* n'est cité par aucun auteur des temps que nous retraçons, et lorsqu'il paraît pour la première fois à une époque postérieure, c'est encore un nom vague, désignant un pays au delà du désert de Cobi, d'où l'on tirait la soie. C'était une dénomination générale sous laquelle étaient compris non seulement le Tangut moderne, mais encore le Cathay (3) et tout ce que l'on connaissait de la Chine, et il n'est point du tout question, ajoute-t-il, de denrées désignées comme appartenant à ce dernier pays, avant que l'époque où commença le commerce de la soie ait été déterminée. »

Ce savant discute ensuite l'opinion de Deguignes qui

(1) Voyez Hager, Panthéon chinois.

(2) Heeren. *de la Politique et du Commerce des Peuples de l'Antiquité*, II, p. 247.

(3) Je rappellerai ici que *Rubruquis*, envoyé de saint Louis, regarde le Katay comme le pays des Sérès. Il s'en sert pour désigner la Chine septentrionale, et il en parle d'après des documens certains recueillis dans le camp des Mongols, où il vit des ambassadeurs chinois. Voyez Abel de Rémusat, Nouv. Mém. de l'Acad. des Inscrip., t. VI, VII, et Malte-Brun, t. I, p. 544.

a rapporté le commencement des relations commerciales avec la Chine au IIIe siècle avant notre ère, et il montre qu'il a négligé un passage d'un auteur contemporain de l'empire de Perse, *Ctézias*, qui, n'affirmant pas expressément que ces relations fussent plus anciennes, les rend du moins (selon M. Heeren) fort vraisemblables.

Et ailleurs ce savant soutient qu'on ne saurait douter que malgré les obstacles physiques il n'ait existé des relations entre les Indiens et les Chinois dès la plus haute antiquité (1).

Nous renvoyons donc le lecteur à la partie de l'ouvrage de ce savant, où il discute ce point géographique rapprochant *Ctézias* de *Strabon* et de *Ptolémée*, à la partie enfin où il discute aussi les passages d'*Hérodote* sur les les Messagètes et les Issedons (2) et ceux du *Périple* pour déterminer les routes commerçantes des caravanes par où les étoffes de soie étaient expédiées, afin de montrer que la grande ville de *Thina* du Périple doit être cherchée au nord, c'est-à-dire dans la *Sérica* ou la Chine. Ce savant discute enfin la question de savoir par qui ce commerce de terre était fait, et trouve la solution dans un passage de *Ctézias*, passage qui, selon lui, présente la trace la plus ancienne des relations du monde occidental avec la Chine.

Le lecteur devra consulter enfin, pour suivre avec quelque intérêt la discussion, les observations sur les routes commerçantes de l'ancienne Asie, la carte jointe au pre-

(1) Voyez Heeren, ouvrage cité, t. III, p. 415 et suivantes.
(2) Heeren, de la Politique et du Commerce des Peuples de l'anti-quité, t. II.

mier volume de l'ouvrage de ce savant, et l'appendice II
du tome III, où il est question des mêmes routes, d'après
l'autorité des auteurs anciens, et nommément d'après
celle de la route commerçante par l'Asie centrale qui con-
duisait jusqu'à la *Sérique* (1), et enfin d'après la carte de
Brehemer.

Connaissance que les anciens avaient du mûrier. (**Pag.
27 et 28.**)

Tous les auteurs s'accordent à dire que la Chine est
la patrie primitive du ver à soie et du mûrier blanc qui
le nourrit. En effet, les historiens chinois font remonter
à une époque très reculée la culture du mûrier, et de
l'art d'élever les vers à soie en Chine (1).

Ovide nous a laissé la fable charmante de Pyrame et
de Thisbé, et du changement de couleur des fruits du
mûrier. Ce poète parle encore d'un mûrier qui était
près du tombeau de Ninus en Assyrie (2).

*Si Aristote a décrit ou non le ver à soie tel que **nous le**
connaissons?* (Pag. 27.)

Je transcrirai ici les observations d'un docte natura-
liste au sujet du passage d'Aristote, que Brotier com-

(1) Voyez les traités chinois, traduits par M. Julien.
(2) Ovid., Métamorph. 4, v. 68 et suiv.

menta, car ses observations me paraissent résoudre la question d'une manière négative.

« Aristote, dit-il, le plus ancien des naturalistes, parle d'un grand ver qui porte des espèces de cornes, qui subit différentes métamorphoses dans l'espace de six mois, qui forme un cocon que les femmes dévident, et dont on fait ensuite des étoffes. Cette description d'Aristote, quoique un peu altérée par quelques inexactitudes, présente bien d'ailleurs les principaux caractères du ver à soie, et pourrait lui être rapportée, *si Aristote et les auteurs qui l'ont suivi ne s'accordaient à placer la patrie du ver dont il est question dans l'île de Cos, et si Pline ne le faisait pas vivre sur le cyprès, le térébinthe, le chêne et le frêne, ce qui ne peut convenir en aucune manière à notre ver à soie* (1).

Au surplus, nous voyons dans les chansons populaires de la Grèce, que chaque corps de métiers, dans les villes, avait sa chanson particulière, d'après ce que nous disent Athénée, Aristophane et d'autres ; dans ces passages des auteurs anciens il n'est point question de corps de fabricans *d'étoffes de soie,* quoiqu'il soit fait mention des tisserands nommés *elinos*, et des tisseurs de laine et d'autres (2).

Il paraît donc, d'après cela, qu'il n'existait point en Grèce de corps de fabricans d'étoffes de soie.

(1) Loiseleur Deslongchamps, Essai sur l'Histoire des Mûriers. Paris, 1824. Article extrait du 33ᵉ vol. du *Dictionnaire des Sciences naturelles.*

(2) Voyez les origines du Théâtre moderne, par M. Magnin, t. I, p. 121.

Plusieurs écrivains établissent une différence entre les deux espèces d'étoffes, dont l'une était appelée vestes serica, *et l'autre* vestes bombycina. (Pag. 31.)

Le célèbre *Maffei* de Volterra prétend que *bombyx* et *serico* ne sont point la même chose.

Le savant *Aldrovandi* déclara formellement qu'ayant lu tous les auteurs anciens, savoir Aristote, Théophraste, Pausanias, Pline, Pollux et d'autres, qu'il a reconnu que l'insecte dont ils parlent, et notamment Aristote, n'a rien de commun, ni la moindre ressemblance avec notre ver à soie, et après avoir commenté *Suidas* et *Hesychius*, il conclut que *bombyx* et *serico* sont la même chose (1).

Le botaniste Dalechamp, dans ses notes à Pline (II, c. 22), est d'avis que le *sérès* et le *bombyx* sont la même chose.

Jules César Scaliger et Saumaise furent d'opinion que ces deux noms désignaient la même chose.

Cependant *Michele Rosa*, dans son curieux ouvrage *delle Porpore*, réfute toutes ces opinions, et démontre que le *bombyx* et le *serico* sont entièrement deux choses différentes : car, selon lui, les auteurs anciens, quand ils parlent du *bombyx* et du *serico*, font une différence entre eux, non seulement quant à la patrie, mais encore quant à la nature et à l'origine de l'un et de l'autre ; 2° parce que l'un provient d'un pays très éloigné (*la Sérique*), et

(1) Voyez *Rosa delle Porpore et delle materie vestiarie.* Édit. in-4° de la Bibliothèque du Roi.

dont les étoffes parvenaient déjà manufacturées en Italie, tandis que la *bombycina* provenait d'un produit de la Syrie qui avait été introduit dans l'île de Cos.

Les romains désignaient la soie par une appellation étrangère. (P. 31.)

« Peut-être le nom de *Sérique*, dit Hager, est-il tiré du nom d'un ver à soie, qui rendit célèbre ce pays. Pausanias, écrivain très exact au jugement de Fabricius, nous le donne à penser. Après nous avoir raconté que la soie des Sérès venait d'un ver, il ajoute que le ver est appelé *ser* par les Grecs, car les Sérès, dit-il, lui donnent un autre nom, et non celui de *ser* (1). »

Étoffes qui s'achètent au poids de l'or. (P. 31.)

La soie en Chine tient souvent lieu d'argent, dit le père Amyot; les empereurs ont quelquefois donné mille ou deux mille pièces de soie, ajoute-t-il, à un homme de lettres ou à tout autre personne, comme un souverain en Europe donne mille ou deux mille écus de pension (2).

Les récits de Procope et de Théophane de Byzance sont très importans pour constater l'époque de l'introduction des vers à soie à Constantinople. (P. 32.)

Procope non seulement fut contemporain de l'intro-

_____

(1) C'est probablement de *Sir*, nom de la soie en Coréen (dit M. de Libi, Hist. des Sciences en Ital., t. I, p. 143), que les Grecs tirèrent leur σήρ, d'où l'on a déduit le nom de *Sérique* ou Séricane, donné à la Chine.

(2) Extrait du père Amyot, par Hager, Numismat. chin., p. 101.

duction des vers à soie, à Constantinople au VI⁰ siècle, sous le règne de Justinien, mais encore il suivit Bélisaire en Asie comme secrétaire. Son témoignage est donc très précieux en ce qui concerne l'époque de l'introduction des filatures de soie dans l'empire grec. Selon lui les Grecs du Bas-Empire allaient chercher à *Serinda* les vers à soie (1).

D'autre part *Théophane de Byzance* nous dit qu'au VI⁰ siècle de l'ère chrétienne, pendant qu'un Persan, arrivé du pays des Sérès, portait la graine du ver à soie à Constantinople (2), les Turcs orientaux y envoyèrent de leur côté un ambassadeur pour engager Justin au commerce de la soie(3). Cet empereur fit voir à l'ambassadeur l'art qu'on venait d'apprendre, et les Turcs en furent très étonnés, dit Théophane, puisqu'ils faisaient alors le commerce avec les Sérès, qui avait été précédemment dans les mains des Persans (4).

Ce fait recule de quelques années, toujours dans le même siècle, l'introduction des vers à soie dans la capitale de l'empire Grec, c'est-à-dire en Europe ; car Justin mourut en l'an 527, et Justinien, son neveu, qu'il associa à l'empire, lui succèda dans son gouvernement.

Néanmoins, un auteur italien nous dit qu'au temps du Bas-Empire les Romains commercèrent sur les côtes de la Perse pour *acheter de la soie*, et que les Per-

---

(1) Procop. de Bell. Goth., t. IV, p. 17.
(2) Théoph. de Byzance, Eclog. hist.
(3) Menand., Hist. cité par Hager, Num. chin.
(4) Théoph., Eclog. Hist.

ses, rivaux des Byzantains, les empêchaient d'aller chercher la soie chez les Sérès (1).

Rapports des Arabes avec la Chine au VIIIᵉ siècle de notre ère. (P. 36.)

Un des voyageurs mahométans du IXᵉ siècle rapporte que de son temps tout le monde en Chine était habillé en soie (2). D'autre part les chrétiens recevaient déjà au VIIIᵉ siècle des pièces de soie des empereurs de la Chine. Selon le monument de *Si-Gan-Fou*, l'empereur de la Chine ordonna de donner cent pièces de soie à l'église des chrétiens (3).

Ce sont des marchands de soie qui ont révélé à l'Oc-cident l'existence de la Chine (4).

Récits d'Édrisi sur la grande prospérité du commerce des filatures de soie dans la Péninsule au XII siècle. (P. 38.)

Quand nous voyons, d'après les témoignages des auteurs arabes du XIᵉ et XIIᵉ siècles, l'état de grande prospérité des filatures de la soie dans la péninsule hispanique et du commerce d'exportation qu'on fai-sait de ces étoffes précieuses dès le Xᵉ siècle, nous

(1) Voyez Formaleone, *Storia* del Comm. del mar Negro, I, c. 14.
(2) Renaudot, *Voyage des deux Mahométans*. Paris, 1778, p. 16.
(3) Journal des Savans, juin, 1760. Monument de *Si-Gan-fu*, par l'abbé Mignot.
(4) M. de Libri, Hist. des Sciences math. en Italie, t. I, p. 143.

ne pouvons que nous étonner de voir encore un écrivain du XIIIe, le fameux cardinal Jacques de Vitry, dire que la soie provenait des arbres, et raconter dans son *Voyage à Jérusalem*, qu'on y tirait la soie, non des arbres, mais de certains vers ; que chez les Sérès il y a des arbres avec des feuilles comme une laine, dont on fait des habits très fins (1).

Les écrivains qui prétendent que ce furent les Siciliens qui portèrent dans la péninsule hispanique les procédés relatifs à la fabrication de la soie, sont tombés dans une grave erreur. (P. 39).

Nous avons démontré 1° que les Arabes avaient déjà, au VIIIe siècle de notre ère, des rapports directs avec la Chine; 2° qu'ils avaient déjà, au Xe siècle, dans la Péninsule, des filatures de soie; mais que, plus est, ils exportaient de l'Espagne une grande quantité de soie brute et d'étoffes de soie.

Maintenant nous observerons ici, que, sous les empereurs Grecs, la soie étant devenue un objet de monopole pour le gouvernement à Constantinople (2), il ne paraît nullement probable que les Arabes qui étaient déjà établis en Chine dès le VIIIe siècle, aient été apprendre

(1) Jac. de Vitriaco, Histor. Orient., c. 86 et 87, publiée par *Bongars*, dans le *Gesta Dei per Francos*. On trouve dans le Ier vol. de la *Bibliographie des Croisades*, par M. Michaud, une notice sur les histoires de Jacques de Vitry.

(2) Voyez Albert d'Aix, Hist. hierosolimit., t. II, dans Bongars.

ces procédés à Constantinople, et encore moins apporter de cette capitale les vers à soie pour les introduire dans la Péninsule.

Ainsi il paraît hors de doute que les Arabes auraient dû apporter directement de la Chine dans la Péninsule la graine des vers à soie, les méthodes de leur éducation, et celle de la filature de la soie, ainsi que le mûrier blanc.

Les voyageurs musulmans qui visitent la Chine, observèrent des faits curieux, et transportèrent jusqu'en Espagne les produits de l'industrie chinoise (1).

Or, il paraît donc d'après ce que je viens d'exposer, que l'ordre chronologique de l'introduction des vers à soie et des procédés de la fabrication des étoffes de soie dans l'occident, doit s'établir de la manière suivante :

1° Au VIe siècle, dans l'empire Grec, à Constantinople sous le règne de Justinien;

2° Au IXe siècle environ, dans la partie de la péninsule hispanique qui était sous la domination des Arabes;

3° Au XIIe siècle, en Sicile, au temps de Roger (1130), après que ce prince se fut emparé des principales villes du Péloponèse et transporté leurs nombreux ouvriers en soie, et avec eux leur industrie à Palerme.

Ce ne fut donc qu'après le XIIe siècle que cette industrie se répandit dans le reste de l'Italie (2) et de l'Eu-

(1) M. de Libri, Hist. des Sciences en Italie, t. I, p. 144; M. de Sacy, dans la chrestomatie, arabe, t. III, p. 452, dit que le *Kar-Sini* (pierre de Chine), et quelques autres objets dont le nom est composé du mot *Sini*, décèlent l'origine chinoise. M. de Libri citant aussi *Baldelli Storia*, etc., part. I. p. 324, montre que les Arabes connaissaient la porcelaine fabriquée en Chine, avec des Inscriptions arabes.

(2) Comparez les différens passages de l'intéressant ouvrage de

rope. Encore au XIVe siècle, après la prise et le pillage de
Saint-Jean-d'Acre, les navires de l'Europe allaient chercher la soie au royaume de Chypre, où le commerce des
villes de Syrie s'était concentré après cette catastrophe(1).

Il reste ainsi hors de doute que l'introduction des vers
à soie et de la fabrication des étoffes de soie dans la péninsule hispanique devança leur introduction dans les
autres parties de l'occident.

M. Depping, *Histoire du Commerce avec le Levant, après les Croisades*, où il est question du commerce de la soie des villes de l'Italie,
au moyen âge.
(1) Voyez Usano, *Pratic. della Mercatura.*

PARIS. — IMPRIMERIE DE MAULDE ET RENOU,
RUE BAILLEUL, 9-11, PRÈS DU LOUVRE.